蝴蝶

[法] 卡蒂 · 佛朗哥◎著
杨晓梅◎译

吉林科学技术出版社

蝴蝶的特征

与其他昆虫相比，蝴蝶拥有独特的翅膀与口器：翅膀覆盖着色彩缤纷的鳞片；口器则为弯曲的管状，可如吸管般吸食花蜜。地球上约有15000种蝴蝶。只要是有植物的地方，就有它们的身影。蝴蝶的一生分为四个阶段：卵、幼虫、蛹、成虫。

翅膀

蝴蝶有两对薄膜翅膀，里面有许多细小的“气管”，即血淋巴。这些管子也叫翅脉，如同风筝的骨架一样支撑起了柔软的翅膀。

颜色

蝴蝶翅膀上覆盖着不计其数的微小鳞片，它们在翅膀上像屋顶瓦片般交叠排列，防止湿气的侵入。鳞片的排列方式与所含色素决定了蝴蝶翅膀上的色彩与图案。

全景视角

蝴蝶头部两侧的球状复眼里有成千上万只小眼。每只小眼看的方向都略有不同。有了它，蝴蝶可以迅速判断出周围移动的物体。蝴蝶对于红色以外的其他色彩都非常敏锐，还能看见人眼看不见的颜色，如紫外光。

蝴蝶伸展开口器吸食花蜜。

格外敏锐的感觉器官

蝴蝶的触角是重要的感觉器官。对蝴蝶来说，触角不仅是它的鼻子，还有许多其他功能，如触摸周围的物体、在飞行中保持平衡。

触角

头

A

胸

口器

蝴蝶在飞行或休息时，会将口器卷起，藏在头部下方（如图Ⓐ）。当吸食花蜜或其他液体时，蝴蝶的口器便会伸展开，形成吸管（如图Ⓑ）。有些夜行性蝴蝶没有口器，因为它们在有限的生命中只需交配，无需进食。

结构

与所有昆虫一样，蝴蝶的身体也分为头、胸、腹三部分。三对足与两对翅膀位于胸部，这也是蝴蝶身体最强壮的部分。足的末端有两爪，让蝴蝶可以稳稳地停在物体的表面。蝴蝶也可以用足来品尝食物，因为足部末端有味觉器官。

蝴蝶与飞蛾

蝴蝶与飞蛾都属于鳞翅目昆虫，但它们有明显不同。蝴蝶色彩鲜艳，通常有着棒状触角。休息时，它们的翅膀会向上收起。飞蛾的触角形态多样，但绝不会是棒状。飞蛾身材矮壮，色彩黯淡，休息时翅膀平展于身体两侧。

蝴蝶

飞蛾

飞蛾的触角

很多飞蛾有着梳子状或羽毛状的触角，宽大的表面让这些触角更为敏锐。有些雄性飞蛾可以闻到10千米外的雌性飞蛾散发出的气味。

右图中的蝴蝶分布于热带森林，其中包括拥有华丽蓝色翅膀的闪蝶（大蓝蝶）。

大小

不同种类的蝴蝶体形差异极大。最小的不到2厘米。左图中的皇蛾是世界上最大的蝴蝶之一，翅展可达28厘米。不过，最宽翅展记录（30厘米）的拥有者为强喙夜蛾（白女巫蛾），但它们的翅膀面积要更小一些。

蝴蝶能活多久

有些蝴蝶只能活几天，它们争分夺秒地完成交配繁殖。大部分蝴蝶可以活2～3周。部分有冬眠习性的蝴蝶可以活8～9个月。随着衰老，蝴蝶的翅膀会逐渐失去鳞片与色彩，边缘出现破口，飞行越来越少，极容易成为猎食者的目标。

蝴蝶在哪儿生活

有植物的地方，就有蝴蝶的踪影。它们的适应能力极强。在寒带与温带地区，蝴蝶会选在气温适宜的季节繁殖。不过，热带地区的蝴蝶种类占所有蝴蝶种类的90%。

求爱的时节

对于成年蝴蝶来说，生命的唯一意义就是交配繁殖。雌性与雄性通过气味互相吸引。蝴蝶还会利用眼睛寻找伴侣，不过还是要相互靠近，通过气味辨别对方是否属于同一种类。通常来说，雄性蝴蝶要引诱雌性蝴蝶，说服它们完成交配。雌性交配后产下卵，这些卵会变成毛毛虫，未来再蜕变成蝴蝶。

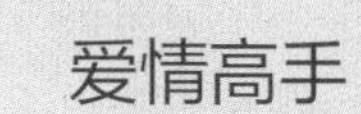

爱情高手

为了寻找伴侣，雄性蝴蝶会停在一处，如树枝上，等待雌性蝴蝶经过。有些则会飞来飞去，主动出击，一旦发现雌性蝴蝶，便热情地跟上去。为了吸引雌性蝴蝶，雄性蝴蝶会围绕对方飞舞，轻轻触碰雌性蝴蝶的触角。

在交配前，雄性与雌性会互相触碰触角，交换信息素。

交配

交配时，雄性的腹部末端会进入雌性腹部。根据种类不同，交配所需的时间从几分钟到几小时不等。如果交配中遇到打扰，两只蝴蝶会保持相连的姿态一起飞到另一处落下。交配完成后，雌性会寻找一株植物作为产卵的地点。

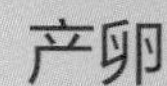

产卵

雌蝶通常会将卵产在一株或几株植物上，为孵化出的幼虫提供食物保障。不同种类的雌蝶产卵数量从几十到几百不等，卵的形状、结构与色彩也不尽相同。雌蝶很少将所有卵产在一处，通常会在不同地方分次产下单粒或数粒。有些会一边绕着植物飞行，一边产卵。金凤蝶喜欢在胡萝卜、茴香的叶子或茎下产卵。这些卵被一层黏液包裹，因此不会落到地上。有些蝴蝶将卵产在荨麻叶子下，如同手串一般挂着。

胡蜂或寄生蝇会将卵产在蝴蝶卵的内部（右图）。这样，它们的幼虫就能以蝴蝶卵为食。最后从这些卵中出来的要么是胡蜂，要么是寄生蝇，总之绝不是蝴蝶。

成年金凤蝶的翅展可达9厘米。在欧洲地区的花园中常常能见到这种蝴蝶。

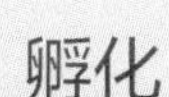

孵化

通常，蝴蝶卵的孵化时间约为一周。幼虫利用口器在卵壳上咬出一圈开口，先把脑袋伸出来，然后再通过扭动让身体跟着出来。卵壳富含许多营养，通常是这些幼虫的第一餐。

金凤蝶卵大约在产下5天后孵化。幼虫一开始只有2毫米长。

幼虫

几乎从破壳而出的第一刻开始，蝴蝶幼虫就投入到它最重要的活动中：吃！积累足够的能量，它才能化身为美丽的蝴蝶。它不停地吃，生长速度也很快。由于它的皮肤没有弹性，所以还要经历几次蜕皮。旧的皮肤会裂开，露出全新的皮肤，有时色彩也会不同。几周之后，它会达到最终的体形。

体形

蝴蝶幼虫有着一节一节的圆柱形身材。它用3对带爪的前足来抓住叶子进食，用伪足（脂肪组织，末端带有吸盘）来移动、攀爬。头部有2根微小的触角与6只视力几乎为零、只能分辨明暗的眼睛。口器发达，有强壮的大颚，可以碾碎食物。

头

这只金凤蝶幼虫正在吃茴香茎。它现在的体长已经有4厘米了，它的皮肤颜色也与最初时不一样。

大胃王

蝴蝶幼虫的绝大部分时间都用在进食这件事上。大部分幼虫以树叶为食，另一些则以花、果、根为食。有些会啃食树干，在树干里留下孔洞。衣蛾的幼虫会吃动物尸体的皮毛或人类衣服的棉线、毛线，因此会在衣服上留下无数个洞。

伪足

奇妙的毛毛虫

大蓝蝶幼虫最开始以百里香或牛至花为食。然后离开寄主植物，来到地面爬行，同时分泌一种含糖的液体，直到有红蚁（如图①）被吸引过来，把它带回蚁巢（如图②）中。此时，大蓝蝶幼虫会开始以蚂蚁幼虫为食（如图③）。在蚁巢中，它既有充足的食物，又可以避开天敌。也是在这里，它会完成从幼虫到蝴蝶的变化（如图④）。为了不被吃掉，破蛹而出后，大蓝蝶必须尽快离开蚁巢（如图⑤）。

飞行的美食

苍蝇需要避开球果尺蛾的幼虫（右图），一旦苍蝇飞到幼虫周围，幼虫就会展开身体，瞬间抓住苍蝇，然后大快朵颐。

天敌无数

对于食肉性鸟类与它们的幼崽来说，毛毛虫是至高的美味。蜥蜴、蛤蟆、蜘蛛、臭虫甚至一些哺乳类（鼩鼱、刺猬、鼹鼠等）也爱吃。许多蚂蚁也会对蝴蝶幼虫发起攻击。特别是胡蜂和寄生蝇，待它们的幼虫破卵而出后，就会将蝴蝶幼虫从里到外一点点吃个精光。

有趣的毛毛虫

毛毛虫的自卫能力

许多蝴蝶幼虫身上长满了毛，有时这些毛还带有毒性，触碰时有灼烧感或瘙痒感。另一些则有硬刺，对于毛毛虫来说，这也是极好的自卫措施。对于这类会卡住咽喉的毛毛虫，鸟类通常会选择敬而远之。

列队前进的松毛虫。

大部分蝴蝶幼虫独自生活。不过，有些也过着集体生活，如松毛虫。它们在松树上用丝建造一个巨大的窝（如图Ⓐ）。夜晚从窝中出来，啃食松叶。它们总是连成一串行动。春天，松毛虫集体钻入地下进行化蛹。这时，经常能在路上看到一长串松毛虫寻找能被阳光照射的地点（如图Ⓑ）。千万别碰触它们，因为松毛虫的毛会引发过敏反应。这种虫可以吃光松树的松针，导致严重的虫害。

“迷你蛇”

鬼脸天蛾的幼虫（左图）受到威胁时会膨胀身体，展示出两个大大的眼睛图案。这样一来，它看上去就像一条小蛇。不过，这种招数并不能吓跑天敌。

移动的房屋

蓑蛾幼虫（下图）用落叶与枯枝做成套子，在里面生活。这个套子就像蜗牛壳，是一栋移动的房屋。一旦危险来临，蓑蛾幼虫便会躲入其中。

警戒状态

受到惊扰时，黑带二尾舟蛾幼虫会收缩头部，露出一张可怕的“假脸”。同时，竖起后半部分身体，伸出两条红色的尾须，如鞭子般摇动起来，恫吓对手。

自卫时，黑带二尾舟蛾幼虫还会向对手喷出酸液。

独特的活动方式

尺蛾幼虫天生缺少第二对足，因此活动方式非常独特。前进时，它们不得不将身体大幅度弯曲，好像地面或树枝上凭空出现了一座桥，所以又得名“造桥虫”。

从毛毛虫到蝴蝶

积累了足够的脂肪后，蝴蝶幼虫就会寻找地方化蛹。只有经历了蛹的阶段，幼虫才能变成性成熟的成虫。有些幼虫会利用丝将自己固定在一处。有些则会钻到地底，或是用叶子将自己围住，或是结成茧将蛹包裹起来。

从幼虫到蛹

破卵而出4周后，金凤蝶幼虫便不会再长大了。这时它的体长可达4厘米。

2

1

地下的住所

许多幼虫会藏在树叶、苔藓或石头下完成化蛹的过程。还有些会钻进地下20厘米甚至更深的地方，打造一个小小的地下住所。化蝶之后，翅膀与触角紧紧地贴着身体。此时，蝴蝶会借助几对足，尽快回到地面上。

蛹的天敌

蛹的天敌比我们想象的还多：鸟类、蜥蜴、小型哺乳类、各种甲虫、蜘蛛……为了自卫，许多蛹都是绿色、棕色或深灰色的，能与环境融为一体，很难被发现。还有些看上去像是卷起的树叶，有些还长着刺。

带刺的蛹。

利用唾液腺分泌的丝在树枝上面制造出落脚点，利用伪足将自己固定（如图①）。然后，它会竖起身子，一边扭一边用丝制造出一个环，将自己圈住（如图②）。这种丝有黏性，能牢固地粘在树枝上。

接下来，幼虫会一动不动，静止2～3天。它的皮肤会最后一次破裂。不过，这回出现的不再是之前柔软的皮肤，而是一层潮湿、柔软的外壳：蛹（如图③与④）。在这层保护壳内部，正孕育着未来的蝴蝶。

旧的皮肤破裂，柔软的蛹露了出来（如图③）。

蛹接触空气后会迅速硬化（如图④）。

茧

蚕蛾在化蛹时会织茧来保护自己（如下图）。织茧的过程有时要花费整整两天。幼虫分泌出长长的丝线，包裹住自己的身体。丝的触感极为柔软，在古代是非常珍贵的面料，古人们养蚕缫丝。蚕就是蚕蛾的幼虫。

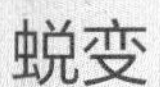

蛹的内部正在上演着翻天覆地的变化，蛹逐渐变成了蝴蝶的身体。不同品种的蝴蝶化蛹的时长也不同，从几天到几个月不等。

在一些热带国家，蛹在旱季停止生长，不然化蝶之后也会因为没有食物而死。金凤蝶化蛹的阶段会持续三周（如果在秋季化蛹，则会持续整个冬天）。

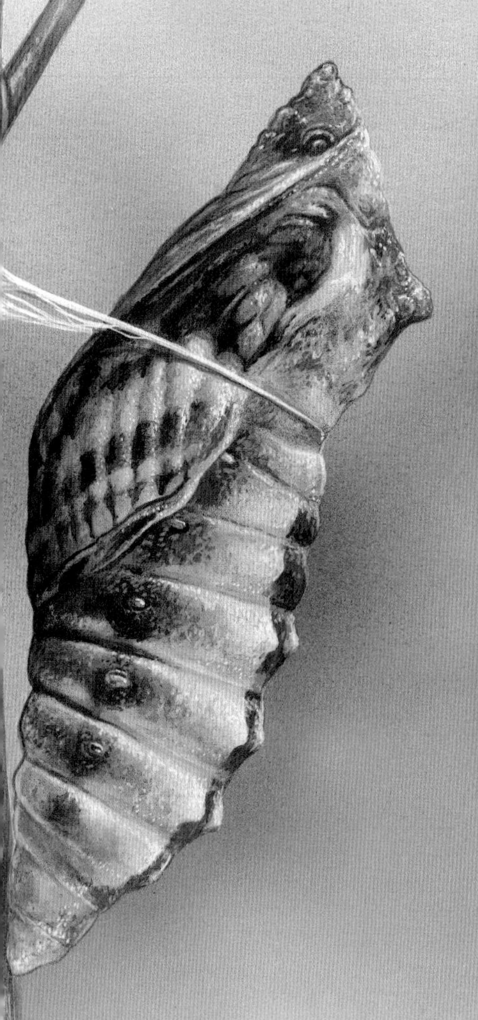

蝴蝶即将破茧而出。我们隐约能看见它的身体。蛹的外壳会突然破裂。

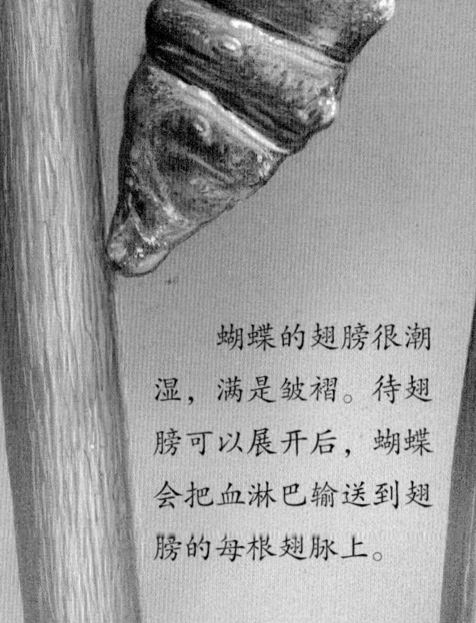

蝴蝶的翅膀很潮湿，满是皱褶。待翅膀可以展开后，蝴蝶会把血淋巴输送到翅膀的每根翅脉上。

蝴蝶一动不动，等待翅膀变得干燥、坚硬。这需要半小时左右的时间。

现在，它的翅膀已经干燥，可以完全打开了。蝴蝶扇了扇翅膀，飞了起来。它的成年生活开始了。

血雨

破蛹而出后，蝴蝶会排出带颜色的液体，这是它体内不再需要的“垃圾”，也叫“蛹便”。有些品种排出的液体是红色的。因此，当一群蝴蝶在同一时间孵化，附近的土地与树叶上就会留下许多红色斑点。

蝴蝶的生活

毛毛虫成为蝴蝶后便拥有了可以自由飞行的翅膀。天气晴朗时，蝴蝶会寻找花朵吸食花蜜，蝴蝶的足会沾上花粉，随着它的飞行留在别的花上，不经意间完成了植物间的授粉。这样植物才能结出种子，完成繁殖。然而不幸的是，由于环境污染、杀虫剂滥用、森林毁坏等诸多因素，越来越多的蝴蝶已经濒临灭绝。

热身

蝴蝶是一种冷血动物：它的体温会随着气温而改变。昼行性蝴蝶需要足够的温度才能飞行。在凉爽的清晨，它们会蜷缩在植物的茎上，等待阳光驱走昨夜的寒冷。当太阳出来后，它们会展开翅膀，尽可能多地吸收阳光的热度，然后飞起来。夜行性蝴蝶会震动翅膀，提升肌肉的温度，这样才能飞起来。雨天，蝴蝶会找个地方休息：藏在叶子下，躲在草丛间……

蝴蝶的一天

身体暖起来后，蝴蝶会飞入花丛中吸食花蜜，这也是它主要的食物来源。然后它就要投入生命的终极目标——繁殖中去。夜行性蝴蝶也以花蜜为食。夜晚绽放的花（如忍冬）通常有特殊的香气，引来蝴蝶。有些蝴蝶什么也不吃，它们只能活几天，要在有限的生命里完成交配的任务。

蝴蝶的其他食物

很多蝴蝶还会吸食树木或腐烂水果的汁液。有些则喜欢动物的腐尸或排泄物。赭带鬼脸天蛾（上图）敢冲进蜂巢里偷食蜂蜜。它的名字来源于背部形似骷髅头的图案。在热带地区，有些蝴蝶的口器很短很硬，可以刺破柑橘类的皮，吸食果汁（右图）。

过冬

对蝴蝶来说，再没有比冬天更难熬的季节了：既缺乏食物，又极端寒冷。许多蝴蝶以卵、幼虫或蛹的形态度过冬天，等待着春天到来再继续长大。成年蝴蝶则会选择放慢身体的节奏，进入冬眠状态。它们会选择好庇护所：树干里的洞、墙壁的缝隙、洞穴、花园里的木屋……

壮观的迁徙

与鸟一样，许多蝴蝶也会随着季节的改变而迁徙，有时是为了躲避寒冷，有时是为了避免蝴蝶数量太多。黑脉金斑蝶的迁徙是最壮观的。每年9月，它们离开加拿大，飞向南方的美国、墨西哥，完成超过3000千米的长途旅行。它们总是前往相同的地方，停在同一棵树上。在墨西哥，每公顷森林会迎来近1千万只黑脉金斑蝶。它们放慢身体的变化节奏，等待温暖再次降临。春天时，黑脉金斑蝶完成交配，新的一代会再次飞向北方。

蝴蝶的天敌

鸟、蜥蜴、蝙蝠都是蝴蝶的天敌，它们尤其喜爱丰满多汁的蝴蝶幼虫。在昆虫当中，胡蜂、虎头蜂、蜻蜓与麻蝇会攻击飞行的蝴蝶。随处都可能出现的蜘蛛网也是致命的陷阱。

致命陷阱

蝴蝶经常被灌木中或草丛之间的蜘蛛网困住。蜘蛛会第一时间冲向猎物，用螯肢（蜘蛛的口器）注入毒液，或是用蜘蛛丝让它无法动弹，稍后再将它吃掉。不过，有些蝴蝶的气味很难闻，所以蜘蛛会立刻把它们从网里赶下去。蟹蛛（左图）会躲在花心中，变成花朵的颜色，伪装起来，耐心守候。一旦蝴蝶光临，蟹蛛便立刻咬住，注入毒液，使蝴蝶麻痹，无法动弹。

快如闪电

对昆虫来说，蜥蜴是可怕的敌人。它们捕猎的动作非常快。热带地区分布着大量蝴蝶，蜥蜴经常可以享用蝴蝶大餐。它们静静地趴在树枝上，伺机而动。一旦猎物进入攻击范围，它们那比身体还长的舌头便可以发挥作用了：如弹簧一般，迅速弹出，击昏昆虫。同时，舌头上极其黏稠的口水会将猎物粘住，带回嘴中。

蝙蝠具有特殊的回声定位系统，可以在黑暗中确定蝴蝶的位置：蝙蝠发射出超声波，遇到物体返回，如同回声被耳朵接收。这样一来，蝙蝠便可以在夜晚发现飞行中的蝴蝶，冲过去吃掉它们。

有些蝴蝶听到蝙蝠发出的超声波，会立刻闪躲，避免被蝙蝠发现。另一些蝴蝶会发出信号来警告蝙蝠自己不好吃。不过，有经验的蝙蝠可不会被骗。

微型猛兽

薄翅螳螂喜食蝴蝶。它一动不动，完美地融入绿色植物之中。它的脑袋可以180° 旋转，这让它在保持身体静止的同时可以观察猎物的动向。只要有蝴蝶靠近，薄翅螳螂便立刻伸出前足，将它抓住，然后用锋利的口器将猎物撕成碎片，在几分钟内将它全部吃掉。

在亚洲有许多枯叶蝶。

蝴蝶的自我防卫

有一些蝴蝶是有毒的，还有一些蝴蝶利用翅膀的颜色将自己伪装起来，这在夜行性蝴蝶身上更常见。它们白天休息时，很容易被误认为是石头或树干的一部分，其外表具有欺骗性。

伪装高手

枯叶蝶（上图）非常像枯萎的叶子，甚至连叶脉都有。许多夜行性蝴蝶白天休息时能和树干完美地融合（左图）。

惊吓效应

有些蝴蝶遇到鸟类时会突然展开翅膀，露出假眼的图案。这种惊吓效应能为它们赢来宝贵的逃跑时间。

翅膀收起来的蝴蝶。

翅膀展开时露出假眼的图案。

小心，有毒！

让自己变得不能吃是避免成为猎物的好方法。有些蝴蝶的味道很糟糕，有一些则带有毒液，会让鸟类生病。黑脉金斑蝶的幼虫（下图）以乳草为食，这是一种有毒植物。黑脉金斑蝶幼虫变成蝴蝶后，毒素依然会留在体内，保护它们不会成为鸟类的猎物。

许多夜蛾科蝴蝶收起翅膀时形似枯木。

欺骗性的外表

杨干透翅蛾是为了自保才进化出形似胡蜂的外表吗？目前这个问题还没有肯定的答案。不过，这种蝴蝶的模仿技巧很高超：翅膀透明，几乎没有鳞片，腹部有黑黄交错的条纹，飞行时还有嗡嗡声，绝对能骗过天敌。

歌利亚鸟翼凤蝶

血漪蛱蝶

玫瑰彩袄蛱蝶

伊莎贝拉蝶

多尾凤蛾

二尾丽灰蝶

红斑美凤蝶

小红蛱蝶

红涡蛱蝶

豹灯蛾

LES PAPILLONS
ISBN：978-2-215-10433-9
Text: Cathy Franco
Illustrations: Bernard Alunni et Marie-Christine Lemayeur

Simplified Chinese edition arranged through Jack and Bean company

吉林省版权局著作合同登记号：
图字 07-2016-4669

图书在版编目（CIP）数据

蝴蝶 / (法) 卡蒂·佛朗哥著 ; 杨晓梅译. -- 长春: 吉林科学技术出版社, 2021.1
(神奇动物在哪里)
书名原文: Butterfly
ISBN 978-7-5578-7819-1

Ⅰ. ①蝴… Ⅱ. ①卡… ②杨… Ⅲ. ①蝶—儿童读物 Ⅳ. ①Q964-49

中国版本图书馆CIP数据核字(2020)第206658号

神奇动物在哪里·蝴蝶

SHENQI DONGWU ZAI NALI · HUDIE

著　　者　[法]卡蒂·佛朗哥
译　　者　杨晓梅
出 版 人　宛　霞
责任编辑　潘竞翔　汪雪君
封面设计　长春美印图文设计有限公司
制　　版　长春美印图文设计有限公司
幅面尺寸　210 mm×280 mm
开　　本　16
印　　张　1.5
页　　数　24
字　　数　47千
印　　数　1-6 000册
版　　次　2021年1月第1版
印　　次　2021年1月第1次印刷

出　　版　吉林科学技术出版社
发　　行　吉林科学技术出版社
地　　址　长春市福祉大路5788号
邮　　编　130118
发行部电话/传真　0431-81629529　81629530　81629531
81629532　81629533　81629534
储运部电话　0431-86059116
编辑部电话　0431-81629518
印　　刷　辽宁新华印务有限公司

书　　号　ISBN 978-7-5578-7819-1
定　　价　22.00元